BEI GRIN MACHT SICH IHR WISSEN BEZAHLT

- Wir veröffentlichen Ihre Hausarbeit,
  Bachelor- und Masterarbeit

- Ihr eigenes eBook und Buch -
  weltweit in allen wichtigen Shops

- Verdienen Sie an jedem Verkauf

Jetzt bei www.GRIN.com hochladen und kostenlos publizieren

Bibliografische Information der Deutschen Nationalbibliothek:

Die Deutsche Bibliothek verzeichnet diese Publikation in der Deutschen National-
bibliografie; detaillierte bibliografische Daten sind im Internet über http://dnb.d-
nb.de/ abrufbar.

Impressum:

Copyright © 2015 GRIN Verlag
Druck und Bindung: Books on Demand GmbH, Norderstedt Germany
ISBN: 9783668732841

Dieses Buch bei GRIN:

https://www.grin.com/document/429337

Magnus Düe

Konvexe Dreieckskörper in der Mathematik. Herleitung und Eigenschaften

GRIN Verlag

GRIN - Your knowledge has value

Der GRIN Verlag publiziert seit 1998 wissenschaftliche Arbeiten von Studenten, Hochschullehrern und anderen Akademikern als eBook und gedrucktes Buch. Die Verlagswebsite www.grin.com ist die ideale Plattform zur Veröffentlichung von Hausarbeiten, Abschlussarbeiten, wissenschaftlichen Aufsätzen, Dissertationen und Fachbüchern.

Besuchen Sie uns im Internet:

http://www.grin.com/

http://www.facebook.com/grincom

http://www.twitter.com/grin_com

Inhaltsverzeichnis

1 Einleitung

Diese Bachelorarbeit beschäftigt sich mit konvexen Polyedern aus gleichseitigen Dreiecken. Dazu sollen zunächst verschiedene Begriffe, auch der des konvexen Polyeders, welche mir als Grundlagen für meine weitere Arbeit dienen, definiert werden. Weiterhin werden verschiedenste Sätze der Polyedergeometrie verwendet, die ebenfalls in den Grundlagen aufgeführt werden.

Über die Platonischen Körper, welche die wohl bekannteste Körperklasse darstellen, werde ich dann zu den konvexen Dreieckskörpern – oder auch Deltaedern - gelangen.

Die Platonischen Körper werden auch häufig als reguläre konvexe Körper bezeichnet und verfügen insbesondere über zwei Eigenschaften: Sie bestehen zum einen aus regelmäßigen, kongruenten Vielecken und zum anderen ist jede Körperecke identisch aufgebaut. Weitere Körperklassen lassen sich nun durch Weglassen einer dieser Bedingungen finden. Indem man die Bedingung des gleichen Eckenaufbaus weglässt, gelangt man schließlich zu den konvexen Polyedern aus gleichseitigen Dreiecken.

Diese werde ich in dieser Arbeit mathematisch herleiten, bevor ich mittels Konstruktion mithilfe von Körperflächenmodellen einige mathematische Lösungen ausschließen oder bestätigen kann. Für die tatsächlich existierenden konvexen Dreieckskörper werde ich genauere Untersuchungen hinsichtlich ihres Aufbaus vornehmen und anschließend darstellen, wie man durch sukzessives Hinzufügen von Dreiecken von einem konvexen Dreieckskörper zum nächst größeren konvexen Deltaeder (was die Flächenanzahl betrifft) gelangen kann. Diese Untersuchungen und Ergebnisse werde ich vor allem mit Bildern von den Konstruktionen von Körperflächenmodellen darstellen, um sie anschaulich erklären zu können.

2 Grundlagen

Die folgenden Definitionen, Sätze und Beweise werden im weiteren Verlauf dieser Arbeit vorausgesetzt:

Ein *geometrischer Körper* ist eine Punktmenge im dreidimensionalen Raum, die allseitig von einer Fläche oder von mehreren zusammenhängenden Flächen(stücken) begrenzt wird.

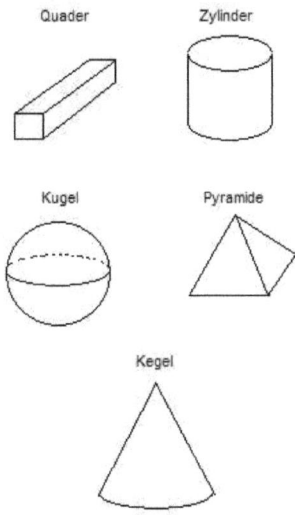

Abbildung 1: Beispiele für geometrische Körper.

Unterschieden wird nun hinsichtlich dieser Arbeit zwischen *Polyedern* und *Nicht-Polyedern*.

Einen geometrischen Körper, der nur von Vielecken (Polygonen) begrenzt wird, nennt man *Polyeder* (vgl. Roman, 1968, S. 9). Beispiele hierfür sind der Quader und die Pyramide aus Abbildung 1 und viele weitere.

Polyeder kann man weiterhin unterteilen in *konvexe und nicht konvexe Polyeder*.

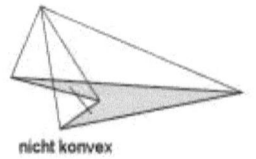
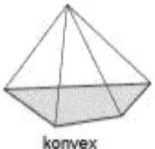

nicht konvex konvex

Abbildung 2: Beispiele für ein nicht konvexes und ein konvexes Polyeder.

Während bei konvexen Polyedern die Verbindungsstrecke zweier beliebiger Punkte des Polyeders stets innerhalb des Polyeders liegt, so ist dies bei nicht konvexen (konkaven) Polyedern nicht der Fall (siehe Abbildung 2). Weiterhin gilt für konvexe Polyeder, dass die Figur *„ganz auf einer Seite der Ebene eines jeden der Polygone, aus denen sie zusammengesetzt ist"* (Alexandrow, 1958, S. 8) liegt. Diese Arbeit beschränkt sich folgend auf konvexe Polyeder.

Polyeder bestehen aus Seitenflächen (**F**), Seitenkanten (**K**) und Polyederecken (**E**) (siehe Abbildung 3). Die Seitenfläche **F** eines Polyeders ist eine endliche Menge von Punkten einer Ebene, welche durch genau einen Streckenzug begrenzt wird. Die Menge der gemeinsamen Punkte zweier Seitenflächen nennt man dann Seitenkante **K** des Polyeders. Eine Polyederecke **E** ist eine Figur, die aus mindestens drei der von **E** ausgehenden Halbgeraden (als Teile der Kanten) und aus den in **E** zusammentreffenden Winkelfeldern, die aus jeweils zwei benachbarten Kanten (als Teile der Flächen) gebildet werden, besteht (vgl. Roman, 1968, S. 6). Außerdem besitzt eine Polyederecke mindestens drei Flächen (vgl. Roman, 1968, S. 6).

„Eine Polyederecke heißt konvex, wenn sie ganz auf einer Seite jeder der Ebenen liegt, zu denen man sich jede Seitenfläche fortgesetzt denkt." (Roman, 1968, S. 7)

3

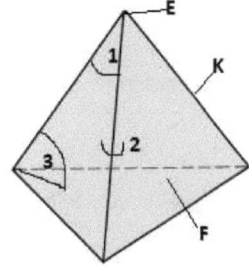

Abbildung 3: Ecken, Kanten und Flächen sowie die drei Winkelarten im Tetraeder.

Weiterhin unterscheidet man bei Polyedern zwischen verschiedenen Winkelarten (siehe Abbildung 3): die Innenwinkel der Flächenstücke werden als *ebene Winkel* bezeichnet (1); die Winkel an einer Kante zwischen zwei Flächen werden als *Flächenwinkel* bezeichnet (2) und der Winkel zwischen einer Kante einer Polyederecke und der anliegenden Fläche wird als *räumlicher Winkel* bezeichnet (3) (vgl. Roman, 1968, S.6).

Ein wichtiger Satz bezüglich der ebenen Winkel eines konvexen Polyeders lautet:

> *„Die Summe der ebenen Winkel in einer konvexen Polyederecke ist kleiner als 360°."* (Roman, 1968, S. 8).

Entscheidend für viele weitere Ergebnisse der Polyedergeometrie war der *Polyedersatz von EULER*, welcher die Ecken, Kanten und Flächen ins Verhältnis setzte:

> *„Hat ein konvexes Polyeder F Flächen, E Ecken und K Kanten, so gilt: F + E - K = 2."* (Barth, 1997, S. 168).

Betrachtet man die Ecken eines oder verschiedener Polyeder, so erkennt man, dass diese unterschiedlich aufgebaut sein können. Die *Valenz einer Ecke* eines Polyeders beschreibt, wie viele Kanten oder Seitenflächen an dieser zusammen treffen. Da eine Polyederecke aus mindestens drei Seitenflächen gebildet wird, gilt für die Valenz einer Polyederecke, dass sie immer ≥ 3 ist. Man schreibt sie als Index, z.B. ist E_4 eine Ecke, an der vier Flächen bzw. Kanten zusammen treffen. Die Gesamtzahl aller Ecken lässt sich als Summe der Ecken mit verschiedenen Valenzen schreiben: $E = E_3 + E_4 + E_5 + \ldots$ (vgl. Roman, 1968, S. 11).

4

Auch Flächen haben Valenzen, welche anzeigen, wie viele Kanten die Fläche hat. Da in dieser Arbeit aber später nur Flächen mit der Valenz 3, also Dreiecksflächen, vorkommen werden, muss darauf nicht näher eingegangen werden.

Ein weiterer wichtiger Satz lautet:

$$2K = 3F_3 + 4F_4 + 5F_5 + \ldots = 3E_3 + 4E_4 + 5E_5 + \ldots \text{ (vgl. Roman, 1968, S. 10).}$$

Da beim Abzählen über die Flächen bzw. Ecken jede Kante doppelt gezählt wird, ist die Anzahl der Flächen bzw. Ecken doppelt so groß, wie die der Kanten.

Eine Folgerung aus dem EULERschen Polyedersatz ist beispielsweise die Ungleichung $3E \leq 2K$, welche ich in dieser Arbeit noch verwenden werde. Dass diese gilt, soll kurz bewiesen werden:

Als Voraussetzungen sind zu nennen:

(1) Sei E die Anzahl der Ecken des Polyeders.

(2) Sei K die Anzahl der Kanten des Polyeders.

(3) Sei E_3 die Anzahl der Ecken, an denen drei Flächen zusammen treffen, E_4 die Anzahl der Ecken, an denen vier Flächen zusammen treffen etc.

(4) Sei $E = E_3 + E_4 + E_5 + \ldots$ die Anzahl aller Ecken des Polyeders.

(5) Für die Anzahl aller Kanten im Polyeder gilt $2K = 3E_3 + 4E_4 + 5E_5 + \ldots$

Nach (5) gilt: $2K = 3E_3 + 4E_4 + 5E_5 + \ldots$

Eine Änderung der Faktoren auf der rechten Seite der Gleichung soll diese zur Ungleichung machen: $2K \geq 3E_3 + 3E_4 + 3E_5$.

Ausklammern erzeugt die Ungleichung $2K \geq 3(E_3 + E_4 + E_5)$. Nach Voraussetzung (4) gilt dann: $2K \geq 3E$ und somit $3E \leq 2K$, was zu beweisen war.

Für die Ungleichung $3F \leq 2K$ sieht der Beweis ähnlich aus:

(1) Sei F die Anzahl der Flächen des Polyeders.

(2) Sei K die Anzahl der Kanten des Polyeders.

(3) Sei F_3 die Anzahl der Flächen mit drei Kanten, F_4 die Anzahl der Flächen mit vier Kanten etc.

(4) Sei $F = F_3 + F_4 + F_5 + \ldots$ die Anzahl aller Flächen des Polyeders.

5

(5) Für die Anzahl aller Kanten im Polyeder gilt $2K = 3F_3 + 4F_4 + 5F_5 + \dots$

Nach (5) gilt: $2K = 3F_3 + 4F_4 + 5F_5 + \dots$
Eine Änderung der Faktoren auf der rechten Seite der Gleichung soll diese zur Ungleichung machen: $2K \geq 3F_3 + 3F_4 + 3F_5$. Ausklammern erzeugt die Ungleichung $2K \geq 3(F_3 + F_4 + F_5)$. Nach Voraussetzung (4) gilt dann: $2K \geq 3F$ und somit $3F \leq 2K$, was zu beweisen war.

> „Als reguläres [...] Polyeder wird ein Polyeder mit gleichen regulären Flächen und gleichen regulären Polyederecken bezeichnet." (Roman, 1968, S. 26).

Von diesen gibt es lediglich fünf, die *Platonischen Körper*.

3 Von den Platonischen Körper zu den konvexen Deltaedern

| Tetraeder | Hexaeder | Oktaeder | Dodekaeder | Ikosaeder |

Abbildung 4: Die fünf Platonischen Körper.

Die fünf Platonischen Körper Tetraeder, Hexaeder, Oktaeder, Dodekaeder und Ikosaeder bestehen alle aus regelmäßigen, kongruenten Vielecken. Da an jeder Ecke mindestens drei Vielecke zusammenstoßen müssen, können aufgrund der Innenwinkelsumme an einer Polyederecke, welche <360° sein muss, nur gleichseitige Dreiecke (ebener Winkel = 60°), Quadrate (ebener Winkel = 90°) und regelmäßige Fünfecke (ebener Winkel = 108°) als Seitenflächen für Platonische Körper in Frage kommen (vgl. Barth, 1997, S. 171). Ab dem Sechseck, welches einen ebenen Winkel von 120° hat, werden die Winkel zu groß, um eine konvexe Körperecke zu bilden. Weiterhin ist jede Ecke eines Platonischen Körpers gleich aufgebaut: Beim Tetraeder treffen stets drei gleichseitige Dreiecke an einer Ecke zusammen, beim Hexaeder drei Quadrate an jeder Ecke, beim Oktaeder vier gleichseitige Dreiecke, beim Dodekaeder drei regelmäßige Fünfecke und beim Ikosaeder fünf gleichseitige Dreiecke. Es handelt sich um eine *regelmäßige, konvexe Körperklasse* (vgl. Roman, 1968, S. 26).

Drei dieser Platonischen Körper, das Tetraeder, das Oktaeder und das Ikosaeder bestehen aus gleichseitigen Dreiecken. Mehr Platonische Körper mit gleichseitigen Dreiecken existieren nicht, da zum Bilden einer Ecke mindestens drei Flächen zusammentreffen müssen und da die Innenwinkelsumme an einer konvexen Polyederecke nicht größer als 360° sein kann, da sie bei 360° schon zur Ebene wird. Eine konvexe Polyederecke aus sechs oder mehr Dreiecken ist somit auch nicht möglich.

Jedoch können durch Abschwächen der Bedingungen für Platonische Körper weitere konvexe Polyeder und somit eine weitere Körperklasse, die *nichtregulären, konvexen Polyeder*, gefunden werden. Schwächt man die Bedingung ab, dass alle Flächen kongruent sein müssen, es sind also verschiedene Vielecke als Seitenflächen eines Polyeders erlaubt, so entdeckt man die *Archimedischen Körper*. Schwächt man hingegen die Bedingung des gleichen Eckenaufbaus ab, behält aber bei, dass der Polyeder aus kongruenten Vielecken besteht, so findet man Körper, die nur aus gleichseitigen Dreiecken bestehen. Dadurch könnten sich theoretisch Körper mit Polyederecken der Sorte E_3 und E_4, Polyeder mit E_3 und E_5 Ecken, Polyeder mit E_4 und E_5 Ecken oder auch Polyeder aus E_3, E_4 und E_5 Ecken ergeben, welche in dieser Arbeit untersucht werden sollen.

4 Herleitung der konvexen Dreieckskörper

Die Platonischen Körper Tetraeder, Oktaeder und Ikosaeder werden im Folgenden aufgrund der weiteren Überlegungen zu den konvexen Dreieckskörpern gezählt.
Die Oberfläche eines konvexen Dreieckskörpers – oder auch *Deltaeders*, wobei die Benennung nach dem griechischen Buchstaben Delta, welcher die Form eines solchen Dreiecks besitzt - besteht ausschließlich aus F gleichseitigen Dreiecken. Ein Dreieck hat drei Seiten oder in diesem Fall Kanten, die dann allerdings doppelt gezählt werden. Für K gilt somit:

$2K = 3F$ oder umgeformt $K = \frac{3F}{2}$.

Daraus lässt sich schon folgern, dass F eine gerade Zahl >2 sein muss, da 3F durch 2 teilbar ist. Konvexe Deltaeder haben also eine gerade Anzahl von Flächen. Da weiterhin bekannt ist, dass mindestens drei Flächen zum Bilden einer Polyederecke vorhanden sein müssen, bestehen konvexe Deltaeder aus mindestens vier Flächen. Das kleinste konvexe Deltaeder ist somit das Tetraeder mit F= 4 Flächen. Außerdem kann eine Polyederecke aus maximal fünf Dreiecken bestehen, da die Summe der Ebenen Winkel mit sechs Dreiecken an einer Ecke gleich 360° wäre und eine Ebene bilden würde. Somit ist das größte konvexe Deltaeder das Ikosaeder mit F= 20 Flächen.

Konvexe Deltaeder aus mehr als 20 Flächen kann es nicht geben, wie folgender Beweis zeigt:
Nehmen wir an, es gäbe konvexe Deltaeder mit mehr als F = 20 Flächen, welche aus E_3, E_4 und E_5 Ecken bestehen, sodass gilt:

(1) $F > 20$
(2) $E_3 + E_4 + E_5 = E$

Auch hier werden die Kanten wieder doppelt abgezählt, wodurch sich folgende Formeln ergeben:

(3) $3E_3 + 4E_4 + 5E_5 = 2K$
(4) $3F = 2K$

Einsetzen ergibt:

$20 \cdot 3 < 2K$ \quad (da F>20)
$60 < 2K$
$30 < K$

Die EULERsche Polyederformel, gemeinsam mit (1) und (4) liefert die Gleichung:

8

$$E - \frac{3F}{2} + F = 2 \qquad \text{(Für K wurde } \frac{3F}{2} \text{ eingesetzt).}$$

$$E - \frac{F}{2} = 2$$

$$E = \frac{F}{2} + 2$$

$$E > 2 + \frac{20}{2} \qquad \text{(da } F > 20)$$

(5) $E > 12$

Erneut liefert die EULERsche Polyederformel, gemeinsam mit (2), (3), (4) und (5) den nächsten Schritt:

$E - F + K = 2$ wird mit 6 multipliziert, um die Gleichung auf die nächsten Schritte vorzubereiten:

$6E - 6K + 6F = 12$ | (4) wird verwendet

$6E - 6K + 4K = 12$

$6E - 2K = 12$ | für E wird (2) verwendet, für 2K (3)

$6(E_3 + E_4 + E_5) - (3E_3 + 4E_4 + 5E_5) = 12$

$3E_3 + 2E_4 + E_5 = 12$ | (2) wird angewendet

$2E_3 + E_4 + E = 12$

$2E_3 + E_4 = 12 - E$ | aufgrund von (5) entsteht eine Ungleichung

$2E_3 + E_4 < 12 - 12$

$2E_3 + E_4 < 0$

Dies ist ein Widerspruch, da E_3 und E_4 nur gleich 0 oder natürliche Zahlen sein können.

Somit existiert kein konvexes Deltaeder mit mehr als 20 Flächen (vgl. Fehringer, 2008, S.25).

Alle weiteren konvexen Deltaeder bestehen also aus 4 bis 20 Flächen, wobei die Flächenanzahl gerade sein muss. Mögliche Fälle sind also $F = 6, 8, 10, 12, 14, 16$ und 18. Für die Eckenanzahl gilt:

$$E = E_3 + E_4 + E_5$$

und wenn man sämtliche Ecken in allen F Dreiecken zählt:

9

$$3F = 3E_3 + 4E_4 + 5E_5.$$

Da gilt, dass $3F$ gerade ist und $4E_4$ auch (4 ist teilbar durch 2), gilt, dass $E_3 + E_5$ ebenfalls gerade sein muss, um die Gleichung zu erfüllen. Weiterhin muss der EULERsche Polyedersatz $E + F - K = 2$ erfüllt sein, welcher sich zu $E = 2 + \frac{F}{2}$ umformen lässt. Nun kann man die mathematisch möglichen Fälle tabellarisch überprüfen und anschließend mittels Konstruktion mithilfe von Körperflächenmodellen die tatsächlich existierenden konvexen Deltaeder finden (vgl. Freudenthal, 1947).

F	E	E_3	E_4	E_5	Körper
4	4	4	0	0	Tetraeder
6	5	3	1	1	X
6	5	2	3	0	Triangulare Bipyramide (vgl. Köller, 2003)
8	6	3	0	3	X
8	6	2	2	2	X
8	6	1	4	1	X
8	6	0	6	0	Oktaeder
10	7	2	1	4	X
10	7	1	3	3	X
10	7	0	5	2	Pentagonale Bipyramide (vgl. Köller, 2003)
12	8	2	0	6	X
12	8	1	2	5	X
12	8	0	4	4	Trigondodekaeder (vgl. Köller, 2003)
14	9	1	1	7	X
14	9	0	3	6	Dreifach gekapptes Prisma (vgl. Köller, 2003)
16	10	1	0	9	X
16	10	0	2	8	Dreifach gekapptes Antiprisma (vgl. Köller, 2003)
18	11	0	1	10	X
20	12	0	0	12	Ikosaeder

(vgl. Freudenthal, 1947).

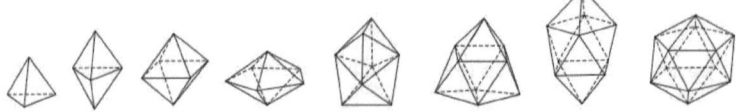

Abbildung 5: Die acht konvexen Deltaeder.

Auffällig ist, dass nur beim Tetraeder und der triangularen Bipyramide Ecken der Sorte E_3 vorkommen und anschließend nicht mehr. Das liegt daran, dass an eine solche Ecke nur weitere Ecken der Sorte E_3 angebaut werden können, wodurch dann bei der triangularen Bipyramide noch Ecken der Sorte E_4 entstehen, wie im Folgenden gezeigt wird.

4.1 Konvexe Dreieckskörper mit E_3 und E_4 Ecken

Es existiert genau ein Dreieckskörper, der diese beiden Arten von Ecken besitzt, die triangulare Bipyramide. Sie besteht aus zwei E_3 Ecken und drei E_4 Ecken. Weitere konvexe Dreieckskörper mit E_3 und E_4 Ecken kann es nicht geben, wie die folgende Abbildung zeigt:

Abbildung 6: E_3 und E_4 Ecke.

Da man auf jeden Fall eine E_3 Ecke benötigt, konstruiert man diese und versucht anschließend, E_4 Ecken anzubauen. Diese entstehen bei der triangularen Bipyramide noch, indem man zwei solcher E_3 Ecken aneinanderbaut, allerdings kann es keine weiteren Kombinationen von E_3 und E_4 Ecken geben, die den Körper nicht konkav machen würden.

4.2 Konvexe Dreieckskörper mit E_3 und E_5 Ecken

Selbiges gilt auch für die Kombination von E_3 und E_5 Ecken. Es besteht keine Möglichkeit, den Körper aus Abbildung 7 noch konvex zu gestalten.

Abbildung 7: E_3 und E_5 Ecke.

4.3 Konvexe Dreieckskörper mit E₃, E₄ und E₅ Ecken

Abbildung 8: Ein Körper aus E_3, E_4 und E_5 Ecken.

Der Körper aus Abbildung 8, welcher aus E_3, E_4 und E_5 Ecken besteht, zeigt, dass eine E_3 Ecke doch noch in Verbindung mit E_4 und E_5 Ecken zusammengebaut werden kann, jedoch ist dieser Körper nicht konvex: Er besitzt aneinandergrenzende Dreiecke, die in einer Ebene liegen und somit eine Raute bilden (in Abbildung 8 rechts sehr gut zu sehen). Man kann ihn nicht zu den konvexen Deltaedern zählen. Somit sind das Tetraeder und die triangulare Bipyramide die einzigen konvexen Deltaeder, die E_3 Ecken beinhalten. Weitere konvexe Deltaeder mit E_3 Ecken kann es nicht geben.

Die übrigen konvexen Deltaeder bestehen also aus verschiedenen Kombinationen von E_4 und E_5 Ecken.

4.4 Warum existiert kein 18-Flächner?

Um zu beweisen, dass es keinen 18-Flächner geben kann, gehen wir zunächst davon aus, dass ein 18-Flächner existiert. Dieser bestünde aus E Ecken, K Kanten und F=18 Flächen. Weiterhin besitze er E_3 Ecken, an denen drei Dreiecke zusammen treffen, E_4 Ecken, an denen vier Dreiecke zusammen treffen und E_5 Ecken, an denen fünf Dreiecke zusammen treffen (vgl. Fehringer, 2008, S. 22). Folgende Gleichungen gelten:

$$F = 18$$
$$E_3 + E_4 + E_5 = E$$

Zählt man jetzt die Kanten von den Ecken aus ab, so erhält man die doppelte Kantenzahl, da jede Kante doppelt gezählt wird:

$$3E_3 + 4E_4 + 5E_5 = 2K$$

Selbiges gilt auch, wenn man von den Flächen aus zählt: Die Kanten werden doppelt gezählt, woraus sich folgendes für K ergibt:

$$3F = 2K \qquad |\text{es gibt 18 Flächen}$$
$$18 \cdot 3 = 2K$$
$$54 = 2K$$
$$27 = K$$

Mithilfe der EULERschen Polyederformel wollen wir jetzt die Eckenanzahl bestimmen:

$$E - K + F = 2$$
$$E - 27 + 18 = 2$$
$$E = 11$$

Ein konvexes Deltaeder aus 18 Flächen müsste also 11 Ecken besitzen. Für die Formel der Eckenanzahl bedeutet dies also:

$$E_3 + E_4 + E_5 = 11 \quad (1).$$

Weiterhin ist bekannt, dass $3E_3 + 4E_4 + 5E_5 = 2K$ gilt. Einsetzen der Kanten liefert die Gleichung:

$$3E_3 + 4E_4 + 5E_5 = 54 \ (2).$$

Nun können wir die erste Gleichung mit 3 multipliziert von der zweiten subtrahieren und übrig bleibt:

$$E_4 + 2E_5 = 21.$$

Daraus lässt sich schließen, dass nur eine Ecke der Art E_4 und zehn Ecken der Art E_5 beide Gleichungen erfüllen, da $0 + 1 + 10 = 11 \ (1)$ und $0 + 4 + 50 = 54 \ (2)$ und keine andere Kombination aus E_4 und E_5 Ecken beide Gleichungen erfüllt. Somit müsste der 18-Flächner also eine E_4 Ecke und zehn E_5 Ecken besitzen (vgl. Fehringer, 2008, S. 23).

Baut man an die eine E_4 Ecke, die es theoretisch gibt, so Dreiecke weiter an, dass nur noch E_5 Ecken entstehen, so bleibt am Ende jedoch eine Öffnung für eine „Pyramide" mit einer E_4 Ecke, die die noch nicht fertigen Ecken zu weiteren E_5 Ecken ergänzen würde und den Körper konvex gestalten würde. Zwei Dreiecke bleiben übrig. Es entsteht der Körper aus 16 Flächen mit zwei E_4 Ecken und acht E_5 Ecken. Ein konvexer 18-Flächner ist also tatsächlich nicht möglich.

Abbildung 9: Es ist nicht möglich, einen konvexen 18-Flächner zu konstruieren.

5 Aufbau der konvexen Deltaeder

Im Folgenden werde ich zunächst auf den Aufbau der konvexen Deltaeder eingehen, um anschließend zu zeigen, wie man von einem konvexen Deltaeder möglichst einfach zum nächsten konvexen Deltaeder gelangen kann.

5.1 Tetraeder

Ein Tetraeder hat 4 Ecken, die jeweils aus 3 gleichseitigen Dreiecken aufgebaut sind. Es gibt 4 Seitenflächen und 6 Kanten (vgl. Köller, 2003).

Abbildung 10: Das Tetraeder.

5.2 Trigonale Dipyramide

Die triangulare Bipyramide kann man sich als ein an seiner Grundseite gespiegeltes Tetraeder vorstellen. Das Tetraeder und sein Spiegelbild bilden also gemeinsam den neuen Körper, welcher aus 5 Ecken, 9 Kanten und 6 Seltenflächen besteht. Außerdem gibt es zwei E_3 Ecken und drei E_4 Ecken (vgl. Köller, 2003).

Abbildung 11: Die Triangulare Bipyramide.

5.3 Oktaeder

Ein Oktaeder kann man sich auch als gespiegelte Pyramide mit quadratischer Grundseite vorstellen. Die Pyramide und ihr Spiegelbild bilden das Oktaeder. Es besteht aus 6 Ecken, 12 Kanten und 8 Seitenflächen. An allen 6 Ecken treffen je 4 Dreiecke aneinander (vgl. Köller, 2003).

Abbildung 12: Das Oktaeder.

5.4 Pentagonale Bipyramide

Abbildung 13: Die pentagonale Dipyramie.

Die pentagonale Bipyramide kann man sich als eine gespiegelte Pyramide mit einem Fünfeck als Grundseite vorstellen. Die Pyramide und ihr Spiegelbild bilden gemeinsam den neuen Körper, welcher aus 7 Ecken, 15 Kanten und 10 Flächen besteht. Zwei Ecken sind aus fünf Dreiecken aufgebaut, während die anderen fünf Ecken aus je vier Dreiecken bestehen (vgl. Köller, 2003).

5.5 Trigondodekaeder

Öffnet man die pentagonale Bipyramide an einer „Spiegelkante", kann man den Körper leicht verzerren und zwei weitere Dreiecke einsetzen. So gelang man zum Trigondodekaeder, welches aus 8 Ecken, 18 Kanten und 12 Flächen besteht. Es gibt vier E_4 und vier E_5 Ecken (vgl. Köller, 2003).

Abbildung 14: Das Trigondodekae

5.6 Dreifach gekapptes Prisma

Diesen Körper kann man sich als ein Dreiecksprisma mit Quadraten als Seitenflächen vorstellen, auf die dann quadratische Pyramiden aufgesetzt wurden. Er besteht aus 9 Ecken, 21 Kanten und 14 Flächen. Drei der Ecken bestehen aus vier Dreiecken, die restlichen sechs Ecken sind E_5 Ecken (vgl. Köller, 2003).

Abbildung 15: Das dreifach gekappte Prisma.

5.7 Dreifach gekapptes Antiprisma

Hierbei handelt es sich um ein Antiprisma mit um 45° zueinander verdrehten, gegenüberliegenden Quadraten als Grundflächen und 8 Dreiecken als Verbindung dieser. Auf die Quadrate werden dann Pyramiden mit quadratischer Grundseite aufgesetzt. Der Körper besteht aus 10 Ecken, 24 Kanten und 16 Flächen. Es gibt zwei E_4 Ecken und acht E_5 Ecken(vgl. Köller, 2003).

Abbildung 16: Das dreifach gekappte Antiprisma.

5.8 Ikosaeder

Abbildung 17: Das Ikosaeder.

Beim Ikosaeder bildet jede Ecke die Spitze einer Fünfeckspyramide. Je zwei solcher Fünfeckspyramiden stehen sich gegeneinander verdreht gegenüber. Dazwischen sind dann, ähnlich wie bei einem Antiprisma, zehn Dreiecke als Verbindung angebracht. Das Ikosaeder besteht aus 12 Ecken, 30 Kanten und 20 Flächen. Alle Ecken bestehen aus je fünf Dreiecken.

6 Übergange zwischen den konvexen Deltaedern

Beim Betrachten der konvexen Deltaeder wird schnell klar, dass von einem konvexen Deltaeder zum nächst größeren stets 2 Dreiecke hinzukommen, außer – aufgrund der Nichtexistenz eines 18-Flächners- vom 16-Flächner zum Ikosaeder, wo 4 Dreiecke hinzukommen.

Beim Konstruieren der konvexen Deltaeder mithilfe von Körperflächenmodellen wollte ich deshalb herausfinden, wo ich diese Dreiecke am besten einsetzen kann, ohne das komplette vorherige Deltaeder umbauen zu müssen.

6.1 Vom Tetrader zur Triangularen Bipyramide

Abbildung 18: Übergang vom Tetraeder zur Triangularen Bipyramide.

Wie in Abbildung 18 zu erkennen ist, ist dieser Umbau nicht sonderlich kompliziert: Es genügt, ein Dreieck des Tetraeders aufzuklappen und an die beiden dadurch frei gewordenen Kanten die zusätzlichen beiden gelben Dreiecke einzusetzen und anschließend mit dem Rest zu verbinden.

6.2 Von der triangularen Bipyramide zum Oktaeder

Abbildung 19: Übergang von der triangularen Bipyramide zum Oktaeder.

Die triangulare Bipyramide wird entlang einer E_4 Ecke vertikal geöffnet (siehe

Abbildung 19). Anschließend werden die neuen, gelben Dreiecke dazwischen gesetzt, sodass aus den beiden Pyramiden mit dreieckiger Grundfläche Pyramiden mit quadratischer Grundfläche werden, die dann aufeinander stehen und das Oktaeder bilden.

6.3 Vom Oktaeder zur pentagonale Bipyramide

Abbildung 20: Übergang vom Oktaeder zur pentagonalen Bipyramide.

Um vom Oktaeder zur pentagonalen Bipyramide zu gelangen, wird dasselbe Prinzip verwendet, wie bereits zuvor: Das Oktaeder wird an zwei Kanten vertikal geöffnet und die Pyramiden mit quadratischen Grundflächen werden durch das Einsetzen der beiden gelben Dreiecke zu Pyramiden mit Fünfecken als Grundflächen erweitert. Für diese drei Körper, die alle aus gespiegelten Pyramiden bzw. aus zwei Pyramiden, die an ihrer Grundseite „aneinandergeklebt" sind, bestehen, gilt also dasselbe Prinzip. Die Übergänge von einem Körper zum nächsten sind sowohl vorwärts als auch rückwärts gut nachzuvollziehen.

6.3.1 Die Bipyramiden

Abbildung 21: Die drei Bipyramiden   Abbildung 22: Blütenstengel als Achse.

Man könnte diese drei Bipyramiden als Teilmenge der konvexen Deltaeder betrachten. Um ihren Aufbau noch einmal auf eine andere Art zu deuten, wird hier von den jeweiligen Längsachsen der Bipyramiden ausgegangen. Diese Längsachse verläuft bei der triangularen Bipyramide zwischen den E_3 Ecken, beim Oktaeder zwischen zweien der E_4 Ecken (jede solcher Verbindungen zweier gegenüberliegender Ecken kann als Achse für diese Überlegung verwendet werden) und bei der pentagonalen Bipyramide zwischen den beiden E_5 Ecken. Betrachtet man jetzt die Längsachse ohne die anliegenden Dreiecke, man könnte sich also einen Stab (oder alternativ bildlich gesehen für Schüler einen Blütenstengel) vorstellen, so könnte man nun an den beiden Enden Dreiecke (Blüten) befestigen. Auch hier wird wieder deutlich, dass mindestens drei Dreiecke pro Ende befestigt werden müssen, um eine Ecke daraus bauen zu können und den Körper zu einer Bipyramide schließen zu können. Befestigt man an beiden Enden jeweils vier Dreiecke, so erhält man das Oktaeder und mit fünf Dreiecken pro Ende offensichtlich die pentagonale Bipyramide. Jetzt kann man natürlich auch versuchen, sechs Dreiecke pro Ende zu befestigen, was auch gelingt. Allerdings lassen sich die Dreiecke dann nicht mehr nach unten bzw. nach oben klappen, um sie mit den anderen zu Verbinden und somit wurde auch hier gezeigt, dass es nicht möglich ist, aus sechs Dreiecken eine Ecke zu bilden, da die Innenwinkelsumme der ebenen Winkel 360° beträgt und somit lediglich eine Ebene (ein Sechseck) entsteht.

6.4 Von der pentagonalen Bipyramide zum Trigondodekaeder

Abbildung 23: Übergang von der pentagonalen Bipyramide zum Trigondodekaeder.

Wie bereits beim Aufbau der konvexen Deltaeder erwähnt, kann man das Trigondodekaeder aus der pentagonalen Bipyramide herstellen, indem man diese an der Spiegelkante öffnet, etwas verzerrt und anschließend die gelben Dreiecke einsetzt.

6.5 Vom Trigondodekaeder zum dreifach gekappten Prisma

Abbildung 24: Übergang vom Trigondodekaeder zum dreifach gekappten Prisma.

Um vom Trigondodekaeder zum dreifach gekappten Prisma zu gelangen, stellt man sich das Trigondodekaeder am besten so hin, wie in Abbildung 24. Anschließend öffnet man die Verbindung der beiden Dreiecke, die an einer Kante einen Flächenwinkel von nahezu 180° haben (in Abbildung 24 rechts) zu ihren Nachbardreiecken (in Abbildung 24 unten) und setzt hier die beiden gelben Dreiecke ein.

6.6 Vom Dreifach gekappten Prisma zum dreifach gekappten Antiprisma

Abbildung 25: Übergang vom dreifach gekappten Prisma zum dr. gek. Antiprisma.

Diese Erweiterung ist wieder etwas einfacher nachzuvollziehen. Betrachtet man das dreifach gekappte Prisma, so entdeckt man drei Kanten, an denen der Flächenwinkel beinahe 180° beträgt. Öffnet man eine dieser Kanten (in Abbildung 25 beispielsweise unten die horizontale Kante) und löst die beiden Dreiecke noch je an einer weiteren Kante, so kann man den Körper etwas in die Länge ziehen und die beiden gelben Dreiecke einsetzen, wodurch die neue Ecke entsteht.

6.7 Vom dreifach gekappten Antiprisma zum Ikosaeder

Abbildung 26: Übergang vom dreifach gekappten Antiprisma zum Ikosaeder.

Wie bereits erwähnt, müssen hier vier Dreiecke eingesetzt werden, da ein 18-Flächner nicht existiert.

Das dreifach gekappte Antiprisma muss im günstigsten Fall nur an drei Kanten geöffnet werden: geht man in Abbildung 26 von der E_4 Ecke unten links aus, so öffnet man die Kante, die nach rechts diagonal oben verläuft, anschließend die Kante, die von der dortigen E_5 Ecke nach links diagonal oben verläuft und die Kante die von dort aus nach rechts diagonal hinten verläuft. Man kann sich diese Öffnung wie einen Blitz vorstellen:

Abbildung 27: Es müssen nur drei Kanten geöffnet werden.

Anschließend setzt man die vier gelben Dreiecke am besten im Verbund ein. Dies kann man sich vorstellen, wie ein einfaches Tetraedernetz oder eine Dreiecksanordnung, wie sie auch bei Antiprismen zu finden ist:

Abbildung 28: Der geöffnete 16-Flächner und das Tetraedernetz, welches eingesetzt wird.

7 Ausblick

Um, von den Platonischen Körpern ausgehend, weitere Körper(-klassen) zu finden, müssen Bedingungen abgeschwächt werden. Die Platonischen Körper erfüllen folgende Bedingungen:

(1) Konvexität
(2) gleichartiger Eckenaufbau
(3) kongruente Vielecke als Seitenflächen
(4) regelmäßige Vielecke als Seitenflächen

Gibt man, von den Platonischen Körpern ausgehend, die Bedingung (3) auf, so gelangt man zu den Archimedischen Körpern, welche also konvex sind, bei denen jede Körperecke gleich aufgebaut ist und welche aus mehreren Sorten von regelmäßigen Vielecken bestehen. Über die Archimedischen Körper ist bereits vieles erarbeitet worden.

Die in dieser Arbeit behandelten konvexen Deltaeder verfügen über die Bedingungen (1), (3) und (4).

Theoretisch könnte man diese Bedingungen beibehalten und lediglich die Art des regulären Polygons ändern. Es fällt jedoch schnell auf, dass keine weiteren konvexen Körper aus ausschließlich regelmäßigen Vielecken möglich sind: Es gibt nur eine Möglichkeit, aus ausschließlich Quadraten einen konvexen Körper herzustellen (Hexaeder) und auch nur eine Möglichkeit, aus ausschließlich regelmäßigen Fünfecken einen konvexen Körper herzustellen (Dodekaeder). Beide haben ausschließlich dreikantige Ecken und zählen somit zu den Platonischen Körpern.

Es muss also eine weitere Bedingung verändert werden, um weitere Körper zu finden.

Würde man nun auch die Regelmäßigkeit der Seitenflächen verändern, könnte man beispielsweise konvexe Körper, die nur aus Rauten oder Drachen bestehen, finden und untersuchen.

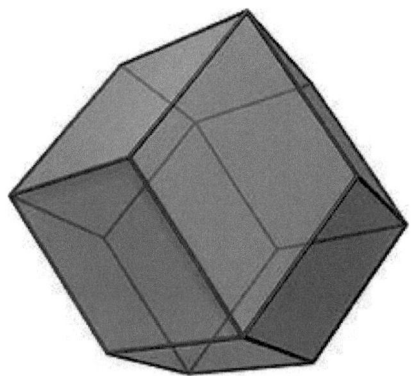

Abbildung 29: Beispiel für einen Körper, der nur aus Rauten besteht: Das Rombendodekaeder.

Schließlich könnte man beispielsweise bei den Dreieckskörpern die Konvexität aufgeben, wodurch allerdings unendlich viele Körper möglich sind, beispielsweise Ringe, Kuppeln und viele weitere, welche sich sicher gut klassifizieren lassen.

Abbildung 30: Beispiel für ein nicht konvexes Deltaeder: Dreiecksechzigflächner.

Abbildung 31: Beispiel für ein nicht konvexes Deltaeder der Art „Ring".

Durch das Abschwächen oder die Veränderungen der Bedingungen der Platonischen Körper lassen sich also weitere Körperklassen finden, welche eine unendliche Menge an Polyedern ermöglichen, die aber noch immer gemeinsame Bedingungen erfüllen können und sich klassifizieren lassen.

Weiterhin wäre es sicher interessant, die Übergänge zwischen den konvexen Deltaedern noch genauer zu untersuchen: In dieser Arbeit wurde nur der Schritt von einem konvexen Deltaeder zum nächst größeren untersucht, indem zwei (bzw. im Sonderfall vier) Dreiecke eingesetzt wurden. Möglicherweise lassen sich hier noch weitere Arten von Übergängen finden. Dies würde jedoch den Rahmen dieser Bachelorarbeit sprengen und bleibt somit für andere Arbeiten offen.

8 Zusammenfassung

In der Polyedergeometrie sind es die Platonischen Körper, welche den größten Bekanntheitsgrad besitzen. Sie erfüllen die Bedingungen, dass sie konvex sind, ihre Seitenflächen nur aus regelmäßigen, kongruenten Vielecken bestehen und dass alle Ecken denselben Aufbau aufweisen.
Indem die Bedingung des gleichartigen Eckenaufbaus weggelassen wurde, gelangte ich zu den konvexen Deltaedern. Diese lassen sich mathematisch

herleiten, wodurch viele Möglichkeiten entstehen, wie ein solches konvexes Deltaeder theoretisch gebildet werden kann. Die praktische Überprüfung mithilfe des Polyederbaukastens zeigte dann, dass neben den drei Platonischen Körpern Tetraeder, Oktaeder und Ikosaeder, welche ebenfalls aus ausschließlich gleichseitigen Dreiecken bestehen, fünf solcher konvexer Deltaeder existieren. Weiterhin konnte ich mithilfe eines Widerspruchbeweises und des Polyederbaukastens zeigen, weshalb sich darunter kein Körper aus 18 Flächen befindet.

Den Aufbau der konvexen Deltaeder kann man sich häufig am besten anschaulich machen, indem man wie z.b. beim dreifach erweiterten Dreiecksprisma zunächst von einem anderen bekannten Körper, dem Dreiecksprisma, ausgeht und dort weitere bekannte Körper, in diesem Fall Pyramiden mit quadratischer Grundfläche, anbaut. Man kann also durchaus von bereits bekannten Körpern ausgehen und sich damit neue Körper erschließen.

Der Übergang zwischen den konvexen Deltaedern kann ebenfalls mithilfe des Polyederbaukastens sehr gut anschaulich gemacht werden, sind es doch in dieser Arbeit lediglich zwei (im Sonderfall vier) Dreiecke, die von einem konvexen Deltaeder zum nächst größeren hinzukommen.

Insgesamt ist festzuhalten, dass mit der Methode des Weglassens bzw. Hinzufügens von Bedingungen weitere Körperklassen gefunden werden können, die dann untersucht, hergeleitet, beschrieben und klassifiziert werden können.

9 Literaturverzeichnis

Alexandrow, Alexander (1958): Konvexe Polyeder. Berlin: Akademie Verlag.

Barth, Friedrich (1997): Anschauliche Geometrie 9. München: Oldenbourg Verlag.

Fehringer, Arno (2008): Konkrete Mathematik. In: Schriftenreihe Jugendwerk, Heft 28. Gailingen
Auch   zu   finden   unter: http://www.hegau-jugendwerg.de/media/dokumente/aktuelles/publikationen/Schriftenreihe/SR28-d.pdf. Letzter Zugriff am 27.06.2015.

Freudenthal, H., van der Waerden, B. L (1947).: "On an Assertion of Euclid.". In: Simon Stevin 25, S. 115-121.

Köller, J. (2003): Deltaeder. Zugriff unter: http://www.mathematische-basteleien.de/deltaeder.htm. Letzter Zugriff am 27.05.2015.

Roman, Tiberiu (1968): Reguläre und halbreguläre Polyeder. Berlin: VEB Deutscher Verlag der Wissenschaften.

10 Abbildungsverzeichnis

11 Bildquellen

Abbildung 1: http://www.frustfrei-lernen.de/mathematik/geometrische-koeper-quader-zylinder-kugel-pyramide.html. Letzter Zugriff am 27.06.2015.

Abbildung 2: http://mathsrv.ku-eichstaett.de/MGF/homes/didmath/geometrie/raumgeo1/raumgeometrie.html. Letzter Zugriff am 27.06.2015.

Abbildung 3: http://board.raidrush.ws/threads/714471-Kombinatorik-Widerst%C3%A4nde-zu-Tetraeder-verl%C3%B6tet. Letzter Zugriff am 27.06.2015. Bearbeitet mit Paint.

Abbildung 4: http://www.martinum.de/joomla3/ueber-uns/erprobungsstufe/74-der-mint-kurs-jgst-6-untersucht-die-platonischen-koerper. Letzter Zugriff am 27.06.2015.

Abbildung 5: https://www.yumpu.com/de/document/view/10853202/02-volumina-der-8-konvexen-deltaeder-af. Letzter Zugriff am 16.06.2015. Bearbeitet mit Paint.

Abbildungen 6-28: eigene Kameraaufnahmen von Konstruktionen mithilfe von Körperflächenmodellen.

Abbildung 29: https://de.wikipedia.org/wiki/Rhombendodekaeder#/media/File:Rhombicdodecahedron.jpg. Letzter Zugriff am 27.06.2015.

Abbildungen 30 und 31: http://www.spektrum.de/alias/raeumliche-geometrie/koerper-aus-lauter-dreiecken/602955. Letzter Zugriff am 24.06.2015.